Detlef Koenig
Susanne Roth
Lothar Seiwert

30 Minuten

Selbstorganisation

W0088092

19. Auflage

© 2016 SAT.1 www.sat1.de Lizenz durch ProSiebenSat.1
Licensing GmbH, www.prosiebensat1licensing.com

Bibliografische Information der Deutschen Nationalbibliothek

Die Deutsche Nationalbibliothek verzeichnet diese Publikation
in der Deutschen Nationalbibliografie; detaillierte bibliografische
Daten sind im Internet über http://dnb.d-nb.de abrufbar.

Umschlaggestaltung: die imprimatur, Hainburg
Umschlagkonzept: Martin Zech Design, Bremen
Redaktion: Jörg-Steffen Schötensack, Berlin
Illustrationen: Werner Tiki Küstenmacher, Gröbenzell
Satz: Zerosoft, Timisoara (Rumänien)
Druck und Verarbeitung: Salzland Druck, Staßfurt

© 2005 Verlag für die deutsche Wirtschaft AG, Bonn und
GABAL Verlag GmbH, Offenbach
19. Auflage 2016

Hinweis:
Das Buch ist sorgfältig erarbeitet worden. Dennoch erfolgen alle
Angaben ohne Gewähr. Weder Autor noch Verlag können für
eventuelle Nachteile oder Schäden, die aus den im Buch gemach-
ten Hinweisen resultieren, eine Haftung übernehmen.

Printed in Germany

ISBN 978-3-86936-300-4

In 30 Minuten wissen Sie mehr!

Dieses Buch ist so konzipiert, dass Sie in kurzer Zeit prägnante und fundierte Informationen aufnehmen können. Mithilfe eines Leitsystems werden Sie durch das Buch geführt. Es erlaubt Ihnen, innerhalb Ihres persönlichen Zeitkontingents (von 10 bis 30 Minuten) das Wesentliche zu erfassen.

Kurze Lesezeit
In 30 Minuten können Sie das ganze Buch lesen. Wenn Sie weniger Zeit haben, lesen Sie gezielt nur die Stellen, die für Sie wichtige Informationen beinhalten.

- Alle wichtigen Informationen sind blau gedruckt.

- Schlüsselfragen mit Seitenverweisen zu Beginn eines jeden Kapitels erlauben eine schnelle Orientierung: Sie blättern direkt auf die Seite, die Ihre Wissenslücke schließt.

- *Zahlreiche Zusammenfassungen innerhalb der Kapitel erlauben das schnelle Querlesen.*

- Ein Fast Reader am Ende des Buches fasst alle wichtigen Aspekte zusammen.

- Ein Register erleichtert das Nachschlagen.

Inhalt

Vorwort

Kennen Sie das? – Sie kommen von der Arbeit nach Hause mit dem unbefriedigenden Gefühl, nichts von dem erledigt zu haben, was Sie sich für den Tag vorgenommen hatten?

Stattdessen haben Sie sich viel zu lange mit einem Vorgang verzettelt; eine andere Arbeit haben Sie zum wiederholten Mal aufgeschoben, weil schon der Gedanke daran panikartige Zustände in Ihnen auslöst; und zu guter Letzt wurden Sie an einen Termin erinnert, den Sie leider völlig vergessen hatten, da der Erinnerungszettel unter den Aktenstapeln auf Ihrem Schreibtisch verschwunden ist?

Ein Alptraum-Szenario! Selbst wenn nicht alles auf einmal geballt auf uns einstürzt, so kennen wir doch diese oder ähnliche Zustände mit ihren unbefriedigenden Folgen zumindest häppchenweise – Beispiele ineffizienter Arbeitsorganisation, die wir viel zu oft kultivieren und viel zu selten bekämpfen.

Mit dem Erwerb dieses Buches haben Sie die Gefahr erkannt und einen ersten Schritt getan, Ihre Arbeitsorganisation zu optimieren. Herzlichen Glückwunsch dazu! Nun müssen Sie die guten Vorsätze nur noch umsetzen, und dabei werden wir Ihnen gerne helfen.

Es gibt viele Ansätze, wie die persönliche Arbeitsorganisation zu verbessern sei. Entscheidend ist, dass sie einfach und durchdacht sind und in der Praxis schnell, effektiv und effizient umgesetzt werden können. Die fünf Prinzipien der Selbstorganisation, die wir Ihnen hier vorstellen, sind unter diesen Prämissen erarbeitet worden. Sie gründen auf der umfangreichen Erfahrung, die die Autoren über viele Jahre in der Praxis sammeln konnten: Detlef Koenig und Susanne Roth, Herausgeber respektive Chefredakteurin des etablierten Praxishandbuches *Einfach organisiert!* und des Beratungsdienstes *simplify organisiert* sowie Prof. Dr. Lothar Seiwert, „Zeitmanagement-Papst Europas" (manager-Seminare, 01/2001).

Nehmen Sie sich genügend Zeit, die Prinzipien in Ruhe zu studieren. Verschaffen Sie sich einen Überblick. Nehmen Sie sich nicht zuviel auf einmal vor, indem Sie gleich alles verinnerlichen wollen – das ist einer der größten Erfolgskiller überhaupt! Arbeiten Sie sich Schritt für Schritt von einem Prinzip zum nächsten vor, und machen Sie sich eins nach dem anderen zu Ihrer persönlichen Gewohnheit. Fangen Sie direkt damit an, denn die Zeit, die Sie bis jetzt durch schlechte Gewohnheiten, falsche Prioritäten oder unproduktive Tätigkeiten verloren haben, ist *unwiederbringlich* verloren.

Sie werden in weniger Zeit viel mehr erledigen – und so mehr Zeit zur Verfügung haben. Sie werden mehr Erfolg haben. Und Ihre Lebensqualität wird sich spürbar verbessern. Das freut Sie, und das freut uns! Wir wünschen Ihnen eine profitable Lektüre!

30 MINUTEN

1. Das Direkt-Prinzip

Die Neigung, Dinge vor sich herzuschieben, ist weit verbreitet. Die kurzfristige Erleichterung des Aufschiebens macht jedoch schnell einem unguten Gefühl Platz. Denn Aufschieberitis deutet auf Überforderung, auf Unentschlossenheit, auf Unzuverlässigkeit – alles Zeichen mangelnder Selbstorganisation. Besser ist es, das Problem von vornherein zu vermeiden. Eine verblüffend einfache Organisations-Methode, die Ihnen hilft, den Aufschieberitis-Gefahren erfolgreich zu begegnen, ist das Direkt-Prinzip.

1.1 Wenig Zeit einsetzen, viel Zeit gewinnen

Das Direkt-Prinzip, das für alle Erledigungen höchst nützlich und Zeit sparend ist, lautet: Alle zeitlich überschaubaren Aufgaben sollten Sie am besten direkt ausführen, denn alles direkt Erledigte ist zehnmal besser als penibel Notiertes. Andernfalls werden diese Aufgaben mit an Sicherheit grenzender Wahrscheinlichkeit zu einer Belastung: Sie verschlingen mehr Zeit, als ihre sofortige Erledigung in Anspruch genommen hätte.

Schnelle positive Wirkung

Überschaubare Arbeiten gleich zu erledigen zieht eine unmittelbare Verbesserung Ihrer Selbstorganisation nach sich und schafft Ihnen sofortige Erfolgserlebnisse. Sie haben mehr Kontrolle über das Wann, Wo und Wie Ihrer Aktivitäten. Sie tun etwas für Ihre innere Zufriedenheit. Und Sie steigern Ihre Leistung. Kurzum: Sie haben mehr Erfolg und mehr Zufriedenheit.

Die 6 wichtigsten Vorteile des Direkt-Prinzips
1. Sie sparen Zeit. Sie erledigen eine Aufgabe, wenn sie auf Ihren Tisch kommt, also dann, wenn deren Lösung – wie beispielsweise direkt nach der Lektüre eines Briefs die Antwort darauf zu verfassen – bereits so gut wie fertig in Ihrem Kopf präsent ist. Auch das Notieren auf einer To-do-Liste entfällt.

2. Sie sorgen dafür, dass kleine Aufgaben nicht zu großen werden. Denn eine Aufgabe wächst in dem Maße, in dem wir sie vor uns herschieben.
3. Was immer Sie gleich erledigen, können Sie nicht mehr vergessen. Das ist gerade bei kleinen Aufgaben ein wichtiger Punkt.
4. Sie halten Ihren Schreibtisch frei. Denn jede erledigte Aufgabe können Sie guten Gewissens in die „Endablage" übergeben.
5. Sie halten auch Ihre Mappe/Ihren Korb für die Ablage leer. Das gibt Ihnen die Gewissheit, dass Ihre Dokumente immer an dem dafür vorgesehenen Platz sind – und erspart Ihnen lange lähmende Suchaktionen.
6. Sie halten Ihren Kopf frei. „Musste ich nicht noch irgendwo anrufen? Was war das noch?" Solche Gedanken bleiben Ihnen ebenfalls erspart.

Dinge vor sich herzuschieben, kostet Sie nachweislich mehr Zeit als die direkte Erledigung einer Aufgabe. Das sofortige Anpacken überschaubarer Arbeiten entlastet Sie unmittelbar zeitlich und hält Ihren Kopf wie auch Ihren Schreibtisch frei für wichtigere Dinge.

30

1.2 Entscheidungen als Grundlage des Direkt-Prinzips

Machen Sie es sich zur Grundhaltung, bei jeder Arbeit immer direkt eine Entscheidung zu treffen. Legen Sie nach Möglichkeit nichts vorher aus der Hand. Im besten Fall *erledigen* Sie die Aufgabe direkt. Wenn dies nicht geht, z.B. weil die Erledigung drei Stunden in Anspruch nähme, terminieren Sie die Arbeit und nehmen Sie sie definitiv zu diesem Zeitpunkt vor.

Vergessen Sie „sichere" Entscheidungen

Jede Entscheidung wird grundsätzlich unter Unvoll-ständigkeit der notwendigen Informationen und unter Unsicherheit getroffen. Die Informationsmengen, die Sie für eine „sichere" Entscheidung verarbeiten müss-ten, sind heute kaum mehr überschaubar. Daher gibt es keine absolut „richtigen" oder „falschen" Entscheidun-gen. Entscheidungen können Sie nur einer Problemlage angemessen oder unangemessen, nach „bestem Wissen und Gewissen" treffen. Benutzen Sie nicht Ihren Unwil-len zur Entscheidungsfindung als Ausrede dafür, Vor-gänge auf die lange Bank zu schieben.

Mehr Zufriedenheit für Sie

Eine aufgeschobene Arbeit, über die keine Entschei-dung getroffen wurde, lähmt, macht unzufrieden, ver-ursacht ein schlechtes Gewissen. Entscheidungen zu treffen schafft dagegen sofortige innere Zufriedenheit. Eine getroffene Entscheidung ist ein erster Schritt in Richtung Aufgabenbewältigung. Sie setzt Energien frei und treibt Sie an, den nächsten Schritt anzugehen.

Jedes Blatt, jeden Vorgang nur ein Mal vornehmen

Einen Gutteil unserer Zeit verbringen wir damit, Unterlagen nach dem Motto „Aus den Augen, aus dem Sinn" hin und her zu stapeln, sie von Neuem zu überfliegen und zuzuordnen oder sie verzweifelt zu suchen. Der Zeitaufwand ist riesig, und letztlich wird nichts erledigt. Oft wandern Unterlagen sogar drei, vier Mal durch unsere Hände, bis wir sie in Angriff nehmen. Die Lösung liegt im Direkt-Prinzip: Bearbeiten Sie etwas direkt, wenn Sie das erste Mal damit in Berührung kommen. Ein Trick: Stellen Sie sich vor, jedes Blatt Papier wäre selbstklebend und würde sich nur durch direkte Bearbeitung und Zuordnung von Ihrer Hand lösen.

Die Verinnerlichung des Prinzips zählt

Selbstverständlich hat man es auch immer wieder mit Aufgaben zu tun, die nicht sofort erledigt werden können oder über die nicht abschließend entschieden werden kann. Manche Vorgänge brauchen mehr Zeit, sie müssen überdacht werden oder verlangen aufgrund ihrer Komplexität mehr Aufmerksamkeit. Sie müssen natürlich keine Entscheidungen forcieren, wenn dies zu dem Zeitpunkt nicht sinnvoll erscheint. Grundsätzlich sollte jedoch der frühest mögliche Zeitpunkt für eine Entscheidungsfindung genutzt werden. Die folgende Grafik veranschaulicht, auf welch einfache Weise das Direkt-Prinzip funktioniert:

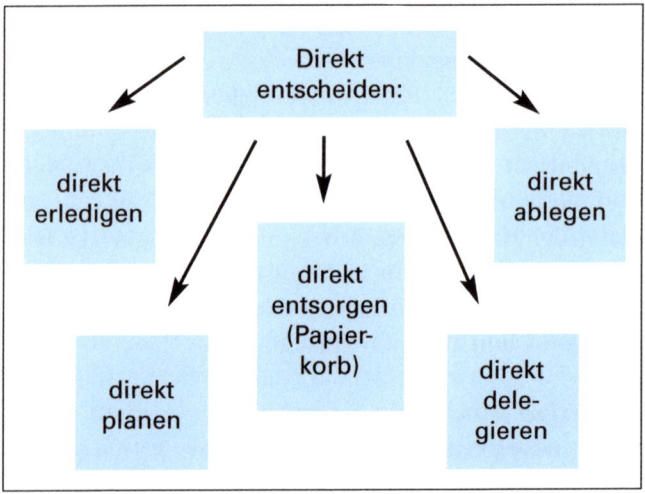

30

Jede Aufgabe verlangt nach einer Entscheidung. Treffen Sie diese Entscheidungen möglichst direkt. Gewöhnen Sie sich dies für jedes Blatt Papier an, das durch Ihre Hände geht. So können Sie jeden Vorgang direkt erledigt ablegen bzw. einplanen oder delegieren. Sie verhindern das Suchen und wiederholte Prüfen von Vorgängen.

1.3 Vom unprofessionellen Aufschieben zum professionellen Erledigen

Alle Aufgaben, deren Erledigung nicht mehr als drei Minuten Ihrer Zeit in Anspruch nimmt, bearbeiten Sie direkt. Das gilt z.B. für den gerade eingegangenen Brief, den Sie mit einer kurzen handschriftlichen Reaktion und dem Hinweis „Blitz-Antwort" direkt an den Absender zurückfaxen. Oder für die E-Mail, die eine Information enthält, die ein Kollege benötigt: Schreiben Sie einen Vermerk dazu, und leiten Sie sie direkt weiter. Denn der Hauptaufwand bei solchen Tätigkeiten liegt darin, die Information zu lesen und gedanklich einzuordnen. Die Bearbeitung des Vorgangs selbst nimmt dagegen kaum Zeit in Anspruch.

Effektive Aufgabenbündelung

Selbst überschaubare Arbeiten, für die Sie vergleichsweise wenig Zeit aufwenden müssen, können oft ohne große Mühe noch schneller erledigt werden. So empfiehlt es sich beispielsweise, Aufgaben, die dem gleichen Bearbeitungsschema folgen, zu bündeln und am Stück zu erledigen. Dadurch springen Sie nicht zwischen unterschiedlichen Tätigkeiten hin und her, auf die Sie sich immer wieder aufs Neue einstellen und eventuell sogar erneut vorbereiten müssen.

E-Mails und Telefonate am Stück erledigen

Legen Sie z. B. bestimmte Zeiten für die Bearbeitung Ihrer elektronischen Post fest – etwa bei Arbeitsbeginn, nach der Mittagspause und vor Arbeitsende. Lassen Sie sich gleichzeitig nicht durch automatische E-Mail-Eingangsmeldungen (etwa wenn Sie in einem Netzwerk arbeiten) von anderen Arbeiten ablenken. Oder richten Sie beispielsweise einen festen Zeitraum für Telefonate bzw. notwendige Rückrufe ein. Möglicherweise können Sie die kürzeren Anrufe während der Müdigkeitsphase nach der Mittagspause angehen. Am Stück erledigt, müssen Sie sich vielleicht für den Rest des Tages mit diesem Aufgabenbereich gar nicht mehr beschäftigen und haben den Kopf frei für anderes.

Nicht vergessen: Aufgaben fest im Tag verankern

Vernachlässigen Sie bei dieser gebündelten Bewältigung überschaubarer Aufgaben nicht das Direkt-Prinzip. Im Zweifel: Direkt-Prinzip vor Aufgabenbündelung. Nehmen Sie sich die Beantwortung von E-Mails oder Anrufe, die Sie tätigen müssen, nicht irgendwann für den Tag oder sogar die Woche vor, sondern planen Sie auch gebündelte Aufgaben zeitlich konkret ein und erledigen Sie sie dann sofort. Auch wenn Sie eine Aufgabe nicht direkt abschließend bearbeiten können, sollten Sie sie zumindest zeitlich direkt einplanen. Machen Sie am besten gleich einen konkreten Vermerk in Ihrem Zeitplansystem (Zeitplanbuch, elektronischer Organizer, Zeitplanungs-Software, virtueller Organizer). Wenn die Aufgabe in Teamarbeit angegangen werden muss, vereinbaren Sie sofort einen Erledigungstermin mit den beteiligten Mitarbeitern oder Kollegen.

Delegieren Sie Arbeiten

Wenn Sie delegieren können, dann tun Sie es auch – allerdings direkt mit einem klaren Erledigungshinweis, um Rückfragen zu vermeiden. Auch der beste Mitarbeiter kann nur in Ausnahmefällen Gedanken lesen. Delegation bedeutet Zeitgewinn und Selbstentlastung für Sie einerseits sowie Kompetenzerweiterung, Personalentwicklung und Leistungsmotivation für den Mitarbeiter andererseits, also Vorteile für beide Seiten. Verschaffen Sie sich entsprechende Freiräume und mehr Zeit für das Wesentliche, indem Sie Vorgänge, die nicht direkt von Ihnen persönlich bearbeitet werden müssen, wie die Betreuung von Projekten, an Ihre Assistenz oder andere Mitarbeiter delegieren.

Delegierbar sind grundsätzlich:
- Routinearbeiten
- Spezialistentätigkeiten
- echte Detailfragen
- vorbereitende Arbeiten (Entwürfe etc.)

Für die Führungskraft liegt das Problem bei der Delegation sicherlich nicht darin, wieviel sie delegieren *sollte*, um sich selbst zu entlasten und Zeit zu gewinnen. Für sie handelt es sich vielmehr um die Frage, wieviel sie delegieren *kann*, ohne die Mitarbeiter zu überfordern.

Darüber hinaus gilt es, beim Delegieren folgende Grundregeln zu beachten:

1. Sie müssen die für eine Aufgabe geeigneten Mitarbeiter auswählen.
2. Sie müssen die Verantwortungsbereiche abgrenzen und überwachen.
3. Sie müssen die delegierten Aufgaben koordinieren.
4. Sie müssen die Mitarbeiter fördern und beraten.
5. Sie müssen die Mitarbeiter rechtzeitig und ausreichend informieren.
6. Sie müssen die Ablauf- und Erfolgskontrolle durchführen.
7. Sie müssen die Mitarbeiter beurteilen (vor allem Lob, aber auch konstruktive Kritik).
8. Sie müssen Versuche der Rück- und Weiterdelegation abwehren.

Vermeiden Sie es grundsätzlich, Arbeiten aufzuschieben. Nehmen Sie jede Arbeit, wo möglich, direkt in Angriff, entweder, indem Sie sie sofort erledigen und ablegen, oder, indem Sie sie zeitlich konkret einplanen bzw. an Mitarbeiter delegieren. Scheuen Sie sich nicht davor, für jede Aufgabe, die sich Ihnen stellt, direkt eine Entscheidung zu treffen. Im besten Fall sollte ein Vorgang nur ein einziges Mal durch Ihre Hände gehen.

30

30 MINUTEN

2. Das GSP-Prinzip

Der Versuch, alle Arbeiten bis ins letzte Detail perfekt zu erledigen, ist nicht nur einer der größten Zeitfresser, sondern auch eine Erfolgsbremse, die Sie professionell Gelassenheit und Selbstvertrauen kostet. Überprüfen Sie Ihre Einstellung dazu. Gehören Sie zu den Menschen, die alles perfekt erledigen müssen? Die nichts rausgehen lassen, ohne selbst Details noch mehrmals gründlich geprüft zu haben? Dann sollten Sie Selbstdisziplin üben und Ihren Perfektionsanspruch beschränken. Trainieren Sie es, gut statt perfekt zu arbeiten, indem Sie sich realistische Qualitätsstandards setzen.

2.1 Perfekt oder gut?

Das GSP (Gut statt perfekt)-Prinzip lautet: Lösen Sie sich von Ihrem Anspruch auf die perfekte Erledigung Ihrer Arbeit, und begnügen Sie sich damit, etwas gut gemacht zu haben. Die unmittelbaren Vorteile, die Ihnen das GSP-Prinzip verschafft: Sie erledigen Ihre Aufgaben schneller, Sie sind zufriedener mit sich, und Sie haben mehr Zeit zur Verfügung, die Sie für andere Aufgaben lohnender investieren können.

Denn ab einem bestimmten Punkt stehen weder Kosten noch Zeitaufwand in einem vernünftigen Verhältnis zum möglicherweise perfekten Ergebnis. Wenn Sie beispielsweise für ein kurzes Protokoll einen halben Tag benötigen, so heißt das noch lange nicht, dass Ihr Ergebnis auch wirklich den Wert eines halben Arbeitstages hat. Der folgende Kasten verdeutlicht Ihnen den Unterschied zwischen „perfekter" und „guter" Arbeit:

Perfekt	Gut
Pünktlichkeit auf die Sekunde	Pünktlichkeit
Übertriebener Ordnungssinn, stundenlanges und häufiges Aufräumen	Übersichtliche Ordnungs- und Ablagesysteme, geringe Suchzeiten
Übertriebenes Pflichtbewusstsein, das auch dort Pflichten sieht, wo gar keine bestehen	Pflichtbewusstsein
Zwanghaftes Bedürfnis, Fehler zu vermeiden, führt zu hohem Zeitaufwand selbst für unnötige Details	Geplanter Zeitaufwand wird konzentriert für die wesentlichen und wichtigen Dinge eingesetzt
Fehler werden vertuscht, der Hinweis auf Fehler wird mit Aggressivität beantwortet	Fehler werden offen zugegeben und nach Möglichkeit korrigiert
Überforderung und Zeitdruck durch zu hoch gesteckte Ziele	Angemessene Zeit für überschaubare Ziele
Zwanghaftes mehrfaches Wiederholen oder Überprüfen von bereits erledigten Tätigkeiten	Erledigte Tätigkeiten werden als abgeschlossen betrachtet
Leistungen werden ohne Absprache und Auftrag eigenmächtig erbracht	Teamarbeit, Diskussionsbereitschaft

30 *Perfektionismus bremst, macht unzufrieden und kostet Sie Zeit. Gewöhnen Sie es sich an, Aufgaben nach dem GSP (Gut statt perfekt)-Prinzip zu erledigen, und halten Sie sich nicht mit Feinheiten auf, die in keinem vernünftigen Verhältnis zum Ergebnis stehen.*

2.2 So umgehen Sie effektiv Perfektionismus-Fallen

Im Folgenden möchten wir Ihnen fünf praktische Regeln mit auf den Weg geben, mit deren Hilfe Sie Perfektionismus-Fallen umgehen können, ohne dabei auf Ihren Leistungsanspruch verzichten zu müssen. So arbeiten Sie effektiver und gelassener mit dem „Gut statt perfekt"-Prinzip!

Falle 1: Sie sind überpünktlich

Eine Viertelstunde früher als verabredet zu einem Termin zu erscheinen und nicht zu wissen, wie Sie sich bis zum Treffen sinnvoll beschäftigen sollen ist reine Zeitverschwendung. Gehen Sie Ihre Termine entspannter an. Zwingen Sie sich dazu, pünktlich zu sein – das wird zu Recht von Ihnen erwartet. Vermeiden Sie jedoch Überpünktlichkeit: Niemand dankt sie Ihnen – nicht einmal Sie selbst!

Objektivieren Sie außerdem Ihre Zeitverluste bei Unpünktlichkeit anderer. Sind es nur fünf Minuten, lohnt es sich nicht, zehn Minuten darüber zu reden. Gehen Sie lieber um so intensiver und schneller zum eigentlichen Thema über.

Falle 2: Sie halten zu viel Ordnung

Wenn Sie sich beispielsweise lange und oft mit dem Aufräumen Ihres Schreibtisches beschäftigen, überlegen Sie, ob das wirklich so ausgedehnt nötig ist. Schränken Sie die Tätigkeit ein, und legen Sie eine bestimmte Zeit dafür fest, z. B. zehn Minuten täglich. Halten Sie sich unbedingt daran! Es wird Ihnen wahrscheinlich zunächst schwerfallen, aber erlauben Sie sich ruhig etwas Unordnung! Es reicht, wenn Sie am Ende Ihres Arbeitstages Ihren Schreibtisch aufräumen.

Falle 3: Sie sind übertrieben pflichtbewusst

Sie glauben, alles müsse 100-prozentig erledigt werden – am besten von Ihnen selbst? Dafür nehmen Sie auch in Kauf, länger zu arbeiten? Denken Sie um! Lassen Sie ruhig mal die sprichwörtlichen Fünfe gerade sein. Delegieren Sie außerdem guten Gewissens, und verlassen Sie sich auf Ihre Mitarbeiter, denn die sind ebenfalls qualifiziert. Kontrollieren Sie, aber nicht ständig! Zu viele Kontrollen führen zu Verunsicherung und stören mehr, als dass sie zum Erfolg beitragen.

Falle 4: Sie träumen von Fehlerfreiheit

Wo viel gearbeitet wird, entstehen auch Fehler. Akzeptieren Sie dies, statt zwanghaft zu versuchen, Ihre Arbeit fehlerfrei zu erledigen. Trainieren Sie den Grundsatz erfolgreicher Menschen: Fehler kann man machen, aber nicht wiederholen – aus Fehlern kann man lernen. Und blicken Sie immer auf das Gesamtbild: Was bedeutet ein Fehler im Rahmen all Ihrer Leistungen und Erfolge? Auch das ständige Wiederholen oder Überprüfen eigener Tätigkeiten spielt hier mit hinein. Der dafür notwendige Zeitaufwand ist zu hoch. Erledigen Sie Ihre Arbeit vielmehr konzentriert und den Anforderungen entsprechend in der vorgegebenen Zeit.

Geben Sie eigene Fehler offen zu und reagieren Sie angemessen auf die Missgeschicke anderer. Natürlich dürfen Sie erwarten, dass Fehler behoben und korrigiert werden und eine verbesserte Leistung erbracht wird. Lang anhaltender Ärger hingegen verbessert eine Situation nicht. Im Gegenteil, dies bindet Ihre Energien und demotiviert Ihre Kollegen und Mitarbeiter.

Falle 5: Sie bringen mehr Leistung als erforderlich

Erbringen Sie nur wirklich geforderte Leistungen. Eignen Sie sich nicht Aufgaben an, für die Sie nicht in der Pflicht stehen. Verlassen Sie sich auf das funktionierende Team und nutzen Sie Ihre Zeit sinnvoll für eigene Projekte.

Schärfen Sie Ihr Bewusstsein gegenüber Perfektionismus-Fallen, und wehren Sie sich aktiv gegen deren negative Auswirkungen auf Ihre Arbeitseffektivität.

2.3 Setzen Sie sich konkrete Bearbeitungsregeln

Überlegen Sie sich vor der Bearbeitung einer Aufgabe genau: Was ist hier das Ziel? Maximale Qualität? Oder kommt es nicht doch eher auf Schnelligkeit an? Nehmen Sie sich ein Paar Ihrer Aufgabenbereiche vor, und planen Sie konkrete Veränderungen ein. Beispiel Korrespondenz: Verzichten Sie auf lange Antwortbriefe.

Lange Briefe kosten Zeit und ermuntern den Empfänger, auch wieder ausführlich zu antworten. Antworten Sie statt dessen schnell, aber spartanisch kurz:

- Faxen Sie Ihre handschriftliche Antwort auf dem Originalbrief zurück. Schnelligkeit schlägt in fast allen Fällen die Form!
- Nutzen Sie E-Mails, wo immer es sinnvoll ist. Nutzen Sie den schnörkellosen Stil dieser Kommunikationsform, um z. B. wirklich sofort zur Sache zu kommen oder auch um andere direkt zu informieren.
- Lesen Sie E-Mails nie Korrektur, sondern bemühen Sie sich direkt beim Schreiben um Fehlerfreiheit.
- Erstellen Sie Musterantworten für die häufigsten Arten von Anfragen, die Sie mit einem freundlichen handschriftlichen Satz (z. B. im PS) ergänzen.

- Sparen Sie sich den Feinschliff. Machen Sie sich immer das Kosten-Nutzen-Verhältnis Ihrer Arbeit klar: Lohnt es sich, Ihre Zeit auf minimale (und wahrscheinlich nur für Sie wahrnehmbare) Optimierungen zu verwenden?
- Bewerten Sie generell die Form nicht zu hoch. Meist ist es nebensächlich, ob ein Brief perfekt auf der Seite steht. Auch das Feilen am sprachlichen Ausdruck gehört übrigens zur Form!

Perfektionismus als Vorwand

Perfektionistisches Verhalten droht auch Nicht-Perfektionisten – dort, wo es benutzt wird, um Aufgaben aufzuschieben. Setzen Sie sich auch hier Regeln. Gestehen Sie sich ein, wann Detailarbeit aufschiebenden (Zeit schindenden) Charakter hat, und greifen Sie sofort ein. Machen Sie eine kurze Pause, holen Sie tief Luft, und nehmen Sie sich eine der aufgeschobenen Aufgaben vor.

Konkrete Bearbeitungsregeln bewahren Sie vor perfektionistischer Kosmetik. Gehen Sie Ihre Aufgaben bereiche durch, und überlegen Sie sich, wo Sie das GSP-Prinzip anwenden können.

2.4 Perfektionismus-Profil

Selbst-Test: Haben Sie einen Hang zum Perfektionismus?

O Bemühen Sie sich um Fehlerlosigkeit in Inhalt und Ausführung, und das möglichst gleich auf Anhieb?

O Sind Sie gut organisiert, planen voraus und kalkulieren auch mögliche Probleme mit ein?

O Werden Sie als verlässlich und gewissenhaft geschätzt?

O Setzen Sie sich gerne mit Details auseinander, lesen das Kleingedruckte in Standardverträgen oder studieren Sie ausführlich Gebrauchsanweisungen?

O Achten Sie bei Dokumenten immer auch auf wechselnde Gestaltung?

O Arbeiten Sie häufig länger oder nehmen Aufgaben mit nach Hause, um ihnen den letzten Schliff zu geben, indem Sie z. B. etwas zum dritten Mal Korrektur lesen?

O Machen Sie oft lieber alles allein, auch wenn Sie manches delegieren könnten – um sicher zu sein, dass Sie das erwünschte Resultat bekommen?

O Nagen auch kleine Fehler an Ihnen – selbst dann, wenn andere mit Ihrer Arbeit sehr zufrieden sind?

O Benutzen Sie im Gespräch gerne Fachausdrücke oder Wendungen wie „Man könnte sagen ...", „Wie wir gesehen haben ...", oder sagen Sie „1. ..., 2. ..., 3. ..." und zeigen dies mit den Fingern an?

O Neigen Sie dazu, unnötig viele und detaillierte Informationen zu geben – z. B. wenn Sie etwas erklären?

○ Sind Ihre Briefe, Faxe oder E-Mails immer länger als eine Seite?

○ Kommen Sie zu Sitzungen pünktlich und gut vorbereitet, sind Sie Befürworter einer Agenda und von Spielregeln, und irritiert es Sie, wenn andere sich nicht daran halten?

Auswertung:

Bis 4 Kreuze: Sie haben einen leichten Hang zum Perfektionismus. Prüfen Sie, ob und in welchen Bereichen das bereits Ihre Arbeit verlangsamt!

4 bis 8 Kreuze: Perfektionistische Tendenzen sind bei Ihnen nicht zu übersehen. Prüfen Sie, in welchen Bereichen Sie mit mehr Gelassenheit schneller und produktiver werden können!

Mehr als 8 Kreuze: Höchste Zeit, dass Sie sich mit dem GSP-Prinzip die Arbeit erleichtern. Versuchen Sie, unsere Tipps nach und nach umzusetzen!

Perfektionismus ist keine Stärke, sondern eine Schwäche. Erkennen Sie den Unterschied zwischen gut und perfekt erledigter Arbeit, und schärfen Sie Ihr Bewusstsein gegenüber Perfektionismus-Fallen. Definieren Sie für Ihren Arbeitsbereich konkrete Bearbeitungsregeln, die dem GSP-Prinzip folgen und einen realistischen Qualitätsstandard für Ihre Arbeit setzen.

30 MINUTEN

3. Das Prioritäten-Prinzip

Ein Spaziergänger geht durch einen Wald und begegnet einem Waldarbeiter, der hastig und mühselig damit beschäftigt ist, einen bereits gefällten Baumstamm in kleinere Teile zu zersägen. Der Spaziergänger tritt näher heran, um zu sehen, warum der Holzfäller sich so abmüht, und sagt dann. „Entschuldigen Sie, aber mir ist da etwas aufgefallen: Ihre Säge ist ja total stumpf! Wollen Sie sie nicht einmal schärfen?" Darauf stöhnt der Waldarbeiter erschöpft auf: „Dafür habe ich wirklich keine Zeit – ich muss sägen!"

3.1 Dringend oder wichtig?

Häufig nehmen wir uns nicht genügend Zeit für die wirklich wichtigen Dinge in unserem (Arbeits-)Leben. Stattdessen wird unsere Energie über die Maßen durch dringliche, aber weniger wichtige Dinge in Anspruch genommen. Ein dazu passender Satz besagt, dass „die wichtigen Dinge selten dringend und die dringenden Dinge selten wichtig" sind. So lässt sich der verzweifelte Waldarbeiter von der Dringlichkeit seiner Arbeit vereinnahmen, die ihm scheinbar keine Zeit für anderes lässt. Wichtiger wäre es, die Säge zu schärfen und die Arbeit mit der scharfen Säge letztlich wesentlich schneller zu erledigen.

Unterscheiden Sie dringlich und wichtig

Die Konzentration auf das Wichtige statt auf das Dringende ist für die persönliche Arbeitsorganisation von elementarer Bedeutung. Bei dringenden Dingen reagieren wir nur, bei wichtigen Dingen hingegen agieren wir.

Die nachstehende Übersicht verdeutlicht Ihnen die fundamentalen Unterschiede zwischen diesen beiden Polen:

	Wichtigkeit	**Dringlichkeit**
Fokus	Ziel, Erfolg	Zeit, Termin
Wirkung	Effektivität	Effizienz
Handlungs-perspektive	Vision, Leitbild	Tagesgeschehen
Ergebnis	Zielerreichung	Aktionismus
Verhalten	selbstgesteuert	fremdgesteuert
Werkzeuge	Lebensrollen	Terminkalender
Planungsebene	Wochenplanung	Tagesplanung
Zeitsouveränität	pers. Zeitfenster	Fremdtermin
Gefühlsebene	Freude, Spaß	Stress, Frust

Dringlichkeit durch externen Druck

Dringlichkeit dominiert meist vor Wichtigkeit. Das hängt damit zusammen, dass dringende Dinge immer mit den Prioritäten und Terminen anderer zu tun haben. Wenn niemand auf ihre Erledigung drängen würde, wäre auch nichts besonders eilig. So steckt hinter der Planung und Erledigung von dringenden Tagesaktivitäten immer ein gewisser externer Druck. Der von Hektik und Zeitdruck geprägte Arbeitsalltag wird entsprechend vornehmlich nach Dringlichkeitskriterien gesetzt, denn jeder will alles sofort, und zwar am liebsten schon vorgestern!

- Wenn jemand einen Termin mit Ihnen vereinbaren will, möchte er ihn am liebsten *sofort*.
- Wenn jemand eine Anfrage erledigt haben will, möchte er sie am liebsten *sofort* bearbeitet wissen.
- Wenn Sie wiederum andere um einen Gefallen bitten, hätten Sie es nicht auch gerne *sofort* abgehakt?

Das bedeutet nun, dass Sie auch weiterhin unter dem externen Terminzwang anderer stehen werden und diesem Druck ein Gegengewicht entgegensetzen müssen.

30 *Dringlichkeit und Wichtigkeit unterscheiden sich fundamental. Dringende Aufgaben entstehen durch externen Druck, auf den Sie reagieren, und tragen wenig zu Ihrer Zielerreichung bei. Wichtige Aufgaben hingegen erfordern ein selbstgesteuertes Agieren, das Sie Ihrem persönliche Erfolg näher bringt.*

3.2 Die Notwendigkeit der Prioritätensetzung

Eine erfolgreiche Selbstorganisation verlangt nach der Konzentration auf die wirklich wichtigen Prioritäten und nach einem konsequenten Handeln nach diesen Prioritäten. Wer seine Prioritäten richtig plant, hat auch seine Zeit besser im Griff. Das entscheidende

Grundproblem für ein erfolgreiches Zeit- und Lebens-
management liegt darin, dass sich viele Menschen

- eher von den *kurzfristigen*, unmittelbaren Ereignissen ihres Arbeitsalltags einfach überrollen lassen
- statt sich auf das Wesentliche zu konzentrieren,
  nämlich die nächsten Aktionsschritte zur Erreichung
  ihrer *langfristigen* Schlüsselaufgaben oder Lebens-
  ziele in Angriff zu nehmen.

Prioritäten bewusst setzen

Das Prioritäten-Prinzip anwenden heißt, darüber zu
entscheiden, welche Aufgaben erstrangig, zweitrangig
etc. und welche nachrangig zu behandeln sind. Prioritäten setzen scheint so selbstverständlich, fast zu selbstverständlich, dass es oft unsystematisch oder gar nur
unbewusst vorgenommen wird. Setzen Sie daher bewusst eindeutige Prioritäten, und erledigen Sie die anstehenden Aufgaben konsequent und systematisch in
dieser Reihenfolge!

Vorteile des Prioritäten-Prinzips

Durch Aufstellung einer persönlichen Rangfolge Ihrer
Aufgaben stellen Sie sicher, dass Sie

- vornehmlich an wichtigen oder notwendigen Aufgaben arbeiten,
- die Aufgaben gegebenenfalls auch nach ihrer Dringlichkeit bearbeiten,
- sich jeweils nur auf eine Aufgabe konzentrieren,

- die Aufgaben in der festgelegten Zeit zielorientiert in Angriff nehmen und besser erledigen,
- die gesetzten Ziele unter den gegebenen Umständen jeweils noch am besten erreichen,
- alle Aufgaben ausschalten, die von anderen durchgeführt werden können,
- am Ende der Planungsperiode (z. B. eines Arbeitstags) zumindest die wichtigsten Dinge erledigt haben,
- die Aufgaben, an denen Sie und Ihre persönliche Leistungsfähigkeit gemessen werden, nicht unerledigt liegen lassen.

Die positiven Auswirkungen:
- Termine werden eingehalten.
- Arbeitsablauf und Arbeitsergebnisse werden befriedigender.
- Mitarbeiter, Kollegen und Vorgesetzte werden zufriedener.
- Konflikte werden vermieden.
- Sie selbst werden ruhiger und vermeiden unnötigen Stress.

30 *Lassen Sie sich nicht von kurzfristigen Ereignissen im Arbeitsalltag überrollen, sondern setzen Sie bewusst Prioritäten zugunsten langfristiger Ziele, und halten Sie sich daran. Sie verbessern so Ihre Selbstorganisation, die Beziehung zu Ihren Kollegen und Mitarbeitern wie auch Ihr eigenes Wohlbefinden.*

3.3 Wöchentliche Prioritäten-
planung

Die meisten Menschen sind in ihrer persönlichen Zeit-
planung und Selbstorganisation auf ihren Tagesplan
oder Terminkalender mit fest gebuchten Verabredun-
gen fixiert. Wer seine Lebensvision, sein Leitbild oder
Lebensziel jedoch in Handlungen umsetzen will, braucht
einen erweiterten Planungshorizont.

Tages- und Wochenplanung?
Wir können unser Leitbild mit Leben erfüllen, indem
wir es täglich in unseren einzelnen Lebensrollen richtig
„leben" und den entsprechenden Aktivitäten eindeutige
Priorität einräumen. Als Planungszeiträume kommen
der Tag und die Woche in Betracht:

- Der einzelne *Tag* als Planungs- oder Handlungspers-
  pektive erweist sich insgesamt als zu kurzlebig und
  stressig, um allen Lebensrollen auf einmal gerecht
  werden zu können; es fehlt der gesamte Überblick.

- Die ganze *Woche* hingegen stellt ein repräsentatives Abbild unseres Lebens dar, umfasst sie doch durch das Wochenende alle Lebensbereiche und bietet die Chance für sämtliche Aktivitäten, Arbeit wie Freizeit, Beruf und Privates, Familie und Hobby, zu ihrem Recht zu kommen.

Tagesplanung verstärkt und fördert die Prioritätensteuerung durch *Dringlichkeit*. Wochenplanung hingegen unterstützt ganzheitlich die Orientierung an der *Wichtigkeit*. Die *wöchentliche Prioritätenplanung* verbindet Ziele mit Zeit oder Visionen mit Aktionen. Sie schließt die Lücke zwischen

- der langfristigen Vision und dem Leitbild (Wichtigkeit) einerseits und
- dem kurzfristigen Tagesgeschäft (Dringlichkeit) andererseits.

Auf diese Weise wird das große Ganze über die Schnittstelle „Wochenplanung" mit dem Tagesgeschehen verbunden.

Verankern Sie Ihre Prioritäten in Ihrer Wochenplanung, die alle Ihre Lebensbereiche beinhaltet und auf Wichtigkeit statt auf Dringlichkeit ausgerichtet ist, ohne jedoch das Tagesgeschäft zu ignorieren.

3.4 Das Wie der Prioritätensetzung

Die nachfolgenden Abschnitte stellen Ihnen zwei wesentliche Erkenntnisse vor, von denen Sie sich bei der Erstellung einer Rangfolge Ihrer Aufgaben leiten lassen können.

Das Pareto-Prinzip (80:20-Regel)

Das Pareto-Prinzip besagt allgemein, dass innerhalb einer gegebenen Gruppe oder Menge einige wenige Teile einen weitaus größeren Wert aufweisen, als dies ihrem relativen, größenmäßigen Anteil an der Gesamtmenge in dieser Gruppe entspricht. Das Prinzip geht auf den italienischen Volkswirtschaftler Vilfredo Pareto (1848–1923) zurück und wurde als Erfahrungsregel in der Praxis bestätigt. Einige Beispiele aus der betrieblichen Praxis:

- 20% der Kunden (oder Waren) bringen 80% des Umsatzes bzw. Gewinns, 80% der Kunden (oder Waren) bringen 20% des Umsatzes bzw. Gewinns.
- 20% der Fehler verursachen 80% des Ausschusses, 80% der Fehler verursachen 20% des Ausschusses.
- 20% der Produkte erzeugen 80% der Fertigungskosten, 80% der Produkte erzeugen 20% der Fertigungskosten.

Übertragung auf die Arbeitssituation

Man spricht im Zusammenhang mit dem Pareto-Prinzip daher auch von der 80:20-Regel. Eine Übertragung dieser Gesetzmäßigkeiten auf die Arbeitssituation bedeutet:

- Beim Prozess der Leistungserstellung erzielt man bereits mit den ersten 20% der aufgewendeten Zeit (Input) einen Anteil von 80% der Leistungsergebnisse (Output).
- Dagegen erbringen die restlichen 80% der aufgewendeten Zeit dann nur noch 20% der Gesamtleistung.

Bedeutung für die tägliche Arbeit

Für die tägliche Arbeit bedeutet dies, sich Aufgaben vorrangig nach deren Bedeutung und Wichtigkeit vorzunehmen. Die konsequente Anwendung des Pareto-Prinzips lässt sich konkret durchführen, indem man die Gesamtheit der Aufgaben nach ihrem Anteil am Gesamtergebnis nach den Kategorien A, B und C analysiert.

Prioritätensetzung durch die ABC-Analyse

Die Technik der ABC-Analyse geht von der Erfahrung aus, dass die Prozentanteile der wichtigen und weniger wichtigen Aufgaben an der Menge aller Aufgaben im allgemeinen konstant sind. Die Buchstaben A, B, C teilen die verschiedenen Einzelaufgaben in drei Klassen ein, und zwar nach deren Wichtigkeit für die Erreichung der beruflichen und persönlichen Ziele. Zahlreiche Menschen arbeiten bereits nach diesem Prinzip, die wichtigsten Aufgaben an der gesamten täglich anfallenden Arbeit zuerst in Angriff zu nehmen.

- Verwenden Sie die ABC-Analyse, um diese persönliche Erfahrung durch systematische Planung zu ergänzen und Ihre Arbeitstechnik zu verbessern!
- Orientieren Sie Ihre planbare Zeit an der Bedeutung und dem Wert der Aufgaben und nicht an ihrem prozentualen Anteil an der Menge aller Aufgaben!

Wertigkeit der A-, B- und C-Aufgaben

Der ABC-Analyse liegen im Einzelnen folgende drei Erfahrungsthemen zugrunde:

- Die *wichtigsten* Aufgaben (*A-Aufgaben*) machen etwa 15% der Menge aller Aufgaben und Tätigkeiten aus, mit denen sich eine Arbeitskraft befasst. Der eigentliche Wert (im Sinne eines Beitrags zur Zielerreichung) dieser Aufgaben liegt jedoch bei 65%.
- *Durchschnittlich wichtige* Aufgaben (*B-Aufgaben*) machen etwa 20% an der Menge und auch 20% am Wert der Aufgaben und Tätigkeiten einer Arbeitskraft aus.
- *Weniger wichtige* oder *unwichtige* Aufgaben (*C-Aufgaben*) machen hingegen 65% an der Menge aller Aufgaben aus, haben aber nur den geringen Anteil von 15% am Wert aller Aufgaben, die zu erfüllen sind.

Das Wichtigste zuerst

Eine ABC-Analyse hilft, die wichtigsten, d. h. ertragreichsten Aufgaben (A-Aufgaben) zuerst in Angriff zu nehmen, um mit diesen wenigen Tätigkeiten bereits den größten Anteil am Erfolg zu erzielen. Die nächstwichtigen Vorhaben (B-Aufgaben) bringen noch einmal einen gewissen Ertragszuwachs, während mit der Erledigung der relativ vielen, aber weniger wichtigen Arbeiten (C-Aufgaben) nur noch ein kleiner Betrag gewonnen wird. Beachten Sie jedoch: C-Aufgaben sind nicht grundsätzlich entbehrliche Aufgaben. Neben den A-und B-Aufgaben sind auch eine Vielzahl von (weniger) wichtigen Vor-, Nach- und Routinearbeiten nötig, die ebenfalls getan werden müssen.

Die Entscheidung über Prioritäten ist eine sehr indivi-
duelle Angelegenheit, denn alle Beurteilungen einer
Situation sind letztlich subjektiv. Wichtig ist dennoch,
dass Sie eindeutige Prioritäten festlegen und diese Entscheidung soweit wie möglich stützen können. Denn
Prioritäten zu setzen ist die Grundregel erfolgreicher
Arbeitstechnik!

*Unterscheiden Sie dringende und wichtige Auf-
gaben, indem Sie nach dem Prioritäten-Prinzip
bewusst Prioritäten setzen und diese konsequent
verfolgen. Betrachten Sie Ihre Prioritäten weitgehend unabhängig vom Tagesgeschäft und im
Zusammenhang mit Ihrer ganzheitlicheren
Wochenplanung. Lassen Sie sich bei Ihrer Prioritätensetzung von dem Wissen leiten, dass 20%
des Inputs bereits 80% des Outputs erzielen
(Pareto-Prinzip) und dass die wichtigsten Aufgaben (A-Aufgaben) bei einer Menge von 15% zu
65% zu Ihrer Zielerreichung beitragen (ABC-Analyse).*

30

30 MINUTEN

4. Das VDN-Prinzip

Der Begriff Besprechung ist für viele ein Reizwort nicht zuletzt deswegen, weil derartige Treffen Zeitdieb Nummer eins sind. Man verbringt heute durchschnittlich 50% des Tages in Meetings. Diese dauern viel länger als nötig, die geplanten Tagesordnungspunkte werden nicht eingehalten, es werden keine Entscheidungen getroffen, kurz: Sie sind ineffizient und unproduktiv. Woran liegt das? Meist an der mangelhaften Vor- und Nachbereitung. Besprechungen sollten deshalb konsequent nach dem VDN-Prinzip organisiert werden: mit einer professionellen Vorbereitung, Durchführung und Nachbereitung. Dieses effektive Instrument der Arbeitsgestaltung hat sich als eines der besten Organisationsprinzipien bewährt und eignet sich nicht nur für unser Beispiel Besprechungen, wo es am häufigsten angewendet wird, sondern für jede Art von Arbeit.

4.1 Die Vorbereitung

Der Hauptarbeitsaufwand fällt normalerweise nicht bei der Sitzung selbst an, sondern davor und danach: z. B. mit der Ausarbeitung der zu behandelnden Themen und mit der Umsetzung von Beschlüssen.

Ist eine Besprechung wirklich notwendig?

Zunächst muss einmal konkret festgestellt werden, was durch die Besprechung erreicht werden soll, z. B.
- Informationen erhalten und/oder weitergeben
- Probleme erkennen, bearbeiten, lösen
- Ziele suchen, erarbeiten, vereinbaren
- Entscheidungen fällen
- Risiken ausloten, mindern, eingehen
- Anerkennung und Zustimmung ausdrücken
- Ideen gewinnen und Kreativität fördern

Wenn das Ziel Ihrer Besprechung mit anderen Mitteln erreicht werden kann, vermeiden Sie persönliche Gespräche. Stattdessen ersetzen Sie die Zusammenkunft durch Briefe, Telefonate (Telefonkonferenzen), Faxe oder E-Mails, indem Sie beispielsweise Arbeitsmaterialien verschicken und strittige Punkte am Telefon klären. Eine andere Alternative ist die Überlegung, ob nicht eine Person allein die Arbeit der Gruppe übernehmen und entsprechende Entscheidungen selber treffen kann.

Persönliche Zweiergespräche

Die größten Zeitfresser unter den Besprechungsarten sind die Zweiergespräche: informelle, auf einen aktuellen Hintergrund bezogene Spontansitzungen unter Kollegen oder zwischen Chef und Mitarbeiter.

Sorgen Sie auch hier immer für eine adäquate Vorbereitung. Lassen Sie sich nicht von einem „Können wir mal kurz das neue XY besprechen?" ins Gespräch ziehen, sondern machen Sie immer einen Termin aus. Klären Sie im Vorfeld folgende Fragen – unabhängig davon, ob Sie oder der andere das Gespräch vorschlagen:

- Was ist der Anlass des Gesprächs?
- Wie lange soll es dauern?
- Was ist das Ziel? Welches Resultat soll nach dem Gespräch vorliegen?
- Welche Unterlagen werden dafür benötigt?
- Was gibt es (von beiden Seiten) vorzubereiten?

Tagesordnungspunkte (TOPs) festlegen

Inhalte und Ablauf einer Besprechung müssen schriftlich festgelegt werden. Die Inhalte und die gewünschten Ergebnisse sollten so konkret und präzise wie möglich formuliert werden. So wissen die Teilnehmer bereits vor der Sitzung, was sie erwarten können bzw. was von ihnen erwartet wird:

- Was soll in der Sitzung besprochen werden (TOPs)?
- Mit welchen Zielen? Beispiele: Informationen sammeln, eine Entscheidung treffen, eine Entscheidung

vorbereiten, eine Maßnahme/ein Produkt präsentieren.

- In welcher Reihenfolge sollen die TOPs behandelt werden?
- In welchem Zeitrahmen pro TOP? (Jede Arbeit dauert so lange, wie Zeit dafür zur Verfügung steht!)
- Wer soll die Leitung des jeweiligen TOPs übernehmen?

Teilnehmerzahl

Der Kreis der Teilnehmer sollte so klein wie möglich gehalten werden. Das beschleunigt die Lösungsfindung und sorgt dafür, dass sich die Anwesenden auch wirklich für die Beschlüsse verantwortlich fühlen und deren Umsetzung entsprechend vorantreiben. Bei jedem potenziellen Teilnehmer sind folgende Fragen relevant:

- Verfügt er über Entscheidungskompetenz und Entscheidungsbefugnis?
- Muss er die Entscheidung tragen?

- Muss er bei allen TOPs anwesend sein?
- Reicht es vielleicht auch aus, ihn nur über gefällte Entscheidungen zu informieren?

Auch bei Routinesitzungen (beispielsweise der einmal wöchentlich stattfindenden Vertriebssitzung) stellt sich jedesmal von Neuem die Frage, wer wirklich anwesend sein muss. Gegebenenfalls müssen die TOPs so angeordnet werden, dass nach einem Block mit allgemeinen Themen die spezielleren folgen. Dann können die Teilnehmer gehen, die zum jeweiligen Thema nichts beitragen müssen. Notfalls sollte hier mit alten Gewohnheiten gebrochen werden: Es geht ja nicht um die Ehre der Teilnahme, sondern um Zeit: die der Sitzungsteilnehmer ebenso wie die derjenigen, die fernbleiben dürfen.

Besprechnungsort und -zeit

Wählen Sie, sollten Sie eine Besprechung organisieren, einen geeigneten Besprechungsort, der leicht erreichbar und störungsfrei ist, und legen Sie die Zeit der Besprechung fest. Bewährt haben sich Zeiten von 9.30 bis 11.00 Uhr und von 14.30 bis 16.30 Uhr. Bei längeren Besprechungen achten Sie auf Pausen während der einzelnen Punkte. Spätestens nach anderthalb Stunden, besser nach einer Stunde, wird eine kurze Pause von fünf bis zehn Minuten eingelegt, nicht nur für die Raucher.

Formular Einladung

Einladung		Datum
Name		❏ Telefon-Konferenz
Abteilung		❏ Video-Konferenz
Telefon/Fax		❏ Besprechung im Raum
Veranstalter		Termin am
Diskussionsleiter		Beginn um
Protokollführer		Ende um

Besprechung / Thema / Ziele

Vorgesehene Tagesordnung	Teilnehmerkreis
	1.
	2.
	3.
	4.
	5.
	6.
	7.
	8.

❏ Bitte um Durchsicht und Bereithaltung der übersandten Unterlagen
❏ Bitte um gezielte Vorbereitung zu folgenden Themen:

❏ Bitte um Bereithaltung weiterer Unterlagen

Erstellt von:	Mit der Bitte um
Ich bin zu erreichen unter	❏ Kenntnisnahme
Telefon:	❏ telefonische Bestätigung
Fax:	❏ Bestätigung per Fax

4. Das VDN-Prinzip

Simultanprotokoll

erstellt von: Uhrzeit: vom: Seite:

Teilnehmer/Abteilung:

Kopien sind sofort an alle Teilnehmer verteilt worden

Priorität	Tätigkeit (was?)	wer	mit wem	bis wann	Bemerkung	✓

© ORG: Der persönliche Organisations-Berater, Bonn

Informieren der Teilnehmer

Da mit der Einladung die Weichen für eine erfolgreiche Besprechung gestellt werden, sind die Form und die Formulierung ausschlaggebend. Um eine Einladung richtig schreiben zu können, müssen folgende Fragen beantwortet werden:

- Welches Ziel wird verfolgt?
- Wer leitet, organisiert, protokolliert, nimmt teil?
- Wo (Adresse/Raum)?
- Wann (Datum/Uhrzeit)?
- Bis wann (ca. Zeit)?
- Was (Thema/TOP)?
- Wie lange (grobe Einteilung pro Thema bzw. TOP)?
- Wer macht was (Vorbereitung auf einzelne TOPs)?

Schriftliche Einladungen zu internen Besprechungen sollten mindestens zwei Wochen vorher abgeschickt werden, Einladungen zu Besprechungen mit externen Teilnehmern mindestens vier Wochen vorher.

Protokoll

Neben der Art des Protokolls (praktisch: Simultanprotokoll, Muster siehe Seite 53) muss feststehen:

- Wer führt das Protokoll?
- Wer unterschreibt das Protokoll?
- Wer außerhalb des Teilnehmerkreises erhält das Protokoll (Verteiler)?

Technische und organisatorische Hilfsmittel

Besprechungen erfordern weniger Zeit, wenn Ideen, Ergebnisse, Beschlüsse und andere Punkte visualisiert werden. Das heißt: Pinn-Wände, Tafeln, Projektoren, Arbeitsblätter, Flipcharts sollten benutzt werden. Es ist außerdem nicht immer gegeben, dass alle Teilnehmer Schreibmaterialien mitbringen. Wenn Besprechungsteilnehmer von außerhalb kommen oder wenn die Besprechung länger als eine Stunde dauert, muss außerdem für Erfrischungen gesorgt sein.

Kurze Checkliste für die Vorbereitung
- ○ Flipchart, Stifte, Papier
- ○ Pinn-Wand, Nadeln, Papierbögen
- ○ Overheadprojektoren, Folien, Stifte
- ○ Schreibblocks, Stifte
- ○ PC, Software, Daten
- ○ Diktiergerät
- ○ Uhr (evtl. Countdown-Uhr)
- ○ Telefon ist um- oder abgestellt
- ○ Speisen und Getränke organisieren
- ○ Ergebnisprotokoll, Checkliste
- ○ _____
- ○ _____

Organisieren Sie Besprechungen nach dem in der Praxis bewährten VDN-Prinzip (vorbereiten, durchführen, nachbereiten). Konzentrieren Sie sich beim Vorbereiten insbesondere auf den Ablaufplan und die Zusammensetzung der Teilnehmer. Nutzen Sie

Formulare für Ihre Einladung und das zu erstellen-de Protokoll, und planen Sie Hilfsmittel und Ver-pflegung mit ein.

4.2 Die Durchführung

Je nach Art der Sitzung und Zusammensetzung der Teilnehmer geben Sie zu Beginn Regieanweisungen, beispielsweise:

- Vorstellung der Teilnehmer
- Übersicht über den Sitzungsablauf
- Spielregeln (siehe Kasten)
- Pausenregelung

Spielregeln für Besprechungen
❑ Gemeinsamkeiten herausarbeiten
❑ Positive Aspekte würdigen, negative Aspekte verbessern

- ❏ Beiträge anderer würdigen
- ❏ Konzentration auf die Sache
- ❏ Eigene Ideen zugunsten der Gruppenlösung aufgeben
- ❏ Angegriffene Teilnehmer unterstützen
- ❏ Anwendung hierarchischer Befehlsgewalt vermeiden
- ❏ Zuhören
- ❏ Schweigende aus der Reserve locken
- ❏ Äußerungen unterschiedlicher Meinungen ermutigen

Vorgehen nach TOPs

Dann beginnen Sie mit Tagesordnungspunkt 1. Am Ende jedes TOPs muss ein von allen getragener Beschluss stehen, der das weitere Vorgehen festlegt. (Ausnahmen: Begrüßung, Vortragen des Protokolls der letzten Sitzung, rein informative TOPs.) Nur so gewährleisten Sie, dass ein Transfer vom Sitzungsraum in den Arbeitsalltag auch tatsächlich stattfindet. Außerdem muss konkret festgehalten werden, wie die Beschlüsse umgesetzt werden und welche Aufgaben daraus resultieren. Notieren Sie sich deshalb immer die folgenden drei Fragen: Was ist zu tun? Wer kümmert sich darum? Bis wann?

18 Praxis-Tipps für die effiziente Durchführung einer Besprechung
1. Fangen Sie pünktlich an.
2. Bestimmen Sie eine Person für die Protokollführung (falls noch nicht festgelegt).

3. Ernennen Sie einen „Zeitmesser" für die Einhaltung der vorgegebenen Zeiten pro Tagesordnungspunkt.
4. Sie können entweder leiten oder mitdiskutieren, aber nicht beides!
5. Delegieren Sie so viele Aktivitäten wie möglich, beispielsweise die Leitung einzelner TOPs.
6. Fragen Sie vor Eintritt in die Tagesordnung nach Wünschen für zusätzliche TOPs.
7. Visualisieren Sie Inhalte, wann immer möglich – halten Sie auch alle Teilnehmer, die etwas zu präsentieren haben, im Vorfeld der Sitzung dazu an. Visualisierte Informationen werden schneller verstanden, besser behalten und brauchen wenig Darstellungsraum.
8. Weichen Sie nicht von der Tagesordnung ab.
9. Arbeiten Sie mit offenen Fragen, um den Beteiligten den Einstieg zu erleichtern. Beispiel:
   – Was ist geschehen?
   – Weshalb ist es geschehen?
   – Wie können wir diesen Konflikt lösen?
10. Halten Sie die Diskussion unter Kontrolle, damit sie nicht in Streit oder Langatmigkeit abgleitet.
11. Begrenzen Sie die Redezeit der einzelnen Teilnehmer.
12. Lassen Sie keine zeitraubenden und abschweifenden Auseinandersetzungen zu.
13. Lassen Sie Gefühlsäußerungen der Diskutierenden zu, sofern sie nicht auf Nebenschauplätze führen: Sie helfen mit, das Ideenpotenzial der Teilnehmer freizusetzen!
14. Greifen Sie ein, wenn die Diskussion auf Nebenschauplätze ausweicht. Fassen Sie das bis

dahin Erarbeitete noch einmal kurz zusammen, um den Anschluss wieder herzustellen.

15. Sorgen Sie dafür, dass alle Beschlüsse in der Formulierung, wie sie ins Protokoll aufgenommen werden, von allen getragen werden. Instruieren Sie den Protokollführer, dass er bei Unklarheiten sofort nachfragen soll.

16. Seien Sie flexibel. Wenn Sie während der Diskussion feststellen, dass eine Entscheidung nicht zustande kommen wird, formulieren Sie ein Zwischenziel, zu dem sich ein Beschluss fassen lässt, und halten Sie alle Punkte fest, auf die man sich auf dem Weg zum Ziel bereits einigen konnte.

17. Wiederholen Sie Ergebnisse oder Entscheidungen.

18. Lassen Sie das Protokoll sofort kopieren und geben Sie jedem Teilnehmer ein Exemplar.

30 *Regieanweisungen, die auch die Spielregeln bein-halten, sind für die Durchführung einer Bespre-chung sehr nützlich. Halten Sie sich an die festge-legten Tagesordnungspunkte und beenden Sie je-den mit einem Beschluss, was von wem und bis wann zu tun ist (Ausnahmen: TOPs, die keine Be-schlüsse erfordern).*

4.3 Die Nachbereitung

Oft verkommen Sitzungen zu Zusammenkünften, in denen zwar informiert, abgestimmt respektive ent-schieden wird, bei denen es aber letztendlich an der Umsetzung der gemeinsam erarbeiteten Beschlüsse hapert. Die Umsetzungsverantwortung liegt beim Sit-zungsleiter. Seine Aufgabe:

- Nach jedem TOP sorgt er dafür, dass Klarheit über die erforderlichen Maßnahmen besteht.
- In der Folge kontrolliert er, ob die Maßnahmen rich-tig und pünktlich umgesetzt werden.

Hier ist das Simultanprotokoll hilfreich. Lassen Sie es am Ende der Sitzung für die Teilnehmer kopieren. So stellen Sie sicher, dass alle einen Aufgabenplan vor sich haben, der folgende Kriterien erfüllt:

- Es gibt nur eine, schriftlich fixierte und von allen abgesegnete Version. Das baut Entschuldigungen und Missverständnissen vor.

- Jeder hat auch die Aufgaben der anderen vor sich: Diese Transparenz erhöht die Disziplin bei der Aufgabenumsetzung und hilft beim Informationsaustausch.
- Das Protokoll liegt bereits bei Sitzungsende vor. Die Umsetzung der Beschlüsse kann dadurch sofort beginnen.

Das VDN-Prinzip kann für jede Art von Arbeit angewendet werden. Am nachhaltigsten wird es bei Besprechungen eingesetzt. Es garantiert Ihnen einen erfolgreichen Verlauf, wenn Sie sich konsequent an die Maßnahmen der Vorbereitung, Durchführung und Nachbereitung halten. Sorgen Sie für klare Vorabinformationen, für einen reibungslosen Ablauf wie auch dafür, dass sich alle Teilnehmer engagieren und für das Ergebnis verantwortlich fühlen. Kontrollieren Sie die Umsetzung der Beschlüsse. Ein sofort ausgehändigtes Protokoll dient als einheitliches richtunggebendes Dokument.

30

30 MINUTEN

5. Das Schriftlichkeits-Prinzip

Aufgaben, Termine, Ideen und – täglich haben wir es mit einer Vielzahl von Dingen zu tun, die wir nicht vergessen dürfen. Gleichzeitig möchte sich das niemand alles merken müssen, und niemand wird es auf Dauer können. Das Schriftlichkeits-Prinzip besagt nicht nur, dass Sie ein breit angelegtes Notizmanagement betreiben sollten, um Ihr Gedächtnis dauerhaft zu entlasten. Ebenso wichtig ist es, dass Sie sich Orte bzw. ein System für Ihre Notizen schaffen, mit dessen Hilfe Sie alle Ihre Aufgaben, Termine etc. ohne Aufwand wiederfinden. Denn was nützt es Ihnen, wenn Sie zwar konsequent alles Wichtige schriftlich festhalten, Sie jedoch keinen Überblick darüber haben, wo die verschiedenen Notizzettel mit der jeweiligen Information abgeblieben sind? Lernen Sie in diesem Kapitel drei Möglichkeiten kennen, wie Sie mit dem Schriftlichkeits-Prinzip dauerhaft Ihre Selbstorganisation verbessern können.

5.1 Übersicht herstellen mit dem „Super-Buch"

Eine effektive Methode, Ordnung und Klarheit in Ihre Selbstorganisation zu bringen, ist, alle Notizen vollständig in ein großes Aufgabenbuch zu schreiben. In diesem „Super-Buch" finden Sie alle Dinge, die Sie erledigen oder an die Sie denken wollen.

Vorbereitung

Kaufen Sie sich ein dickes, festgebundenes, außen farbiges DIN-A4-Buch (oder DIN A5). Diese „leeren" Bücher, das heißt Bücher mit Blankopapier, erhalten Sie in Schreibwarengeschäften oder in Geschenkartikelläden. Der Preis richtet sich nach Material, Qualität und Seitenumfang des Buchs. 100 Seiten sollte es mindestens haben, besser sind 150 und mehr Seiten. Achten Sie darauf, dass Ihr Buch sich farblich von anderen Schreibtischutensilien absetzt, damit Sie es jederzeit schnell finden. Und: Es sollte ein Buch sein, das Sie wirklich gern in die Hand nehmen und dessen Papierqualität Ihnen zusagt, denn Sie werden damit sehr viel arbeiten.

Seiten nummerieren, Aufgaben notieren

Nummerieren Sie dann die Seiten in Ihrem „Super-Buch". So vermeiden Sie es, dass einzelne Einträge auf Nimmerwiedersehen verschwinden. Schreiben Sie anschließend alle Aufgaben, die Sie erledigen müssen, hinein. Dabei ist es unerheblich, ob es sich um langfristige oder kurzfristige Aufgaben handelt. Notieren Sie beispielsweise:

- Telefonate
- Anfragen
- Briefe
- Bestellungen
- Kalkulationen
- den ersten Schritt für ein langfristiges Projekt.

Lassen Sie dabei links einen Rand für das Datum, für Prioritäten (die Sie beispielsweise mit einem Stern notieren), Nummern und Delegations- oder Namenszeichen. Nutzen Sie Post-it-Zettel zum Markieren bestimmter Seiten oder von Telefonnummern. In Ihr „Super-Buch" gehören auch alle Ideen, die Sie haben, ebenso wie private Aufzeichnungen, beispielsweise „Tante Gertrud Blumen senden". Wenn Sie ein Projekt notieren, das aus vielen verschiedenen Vorgängen besteht, lassen Sie eine Seite Platz darunter, da Sie beim ersten „Brainstorming" in der Regel nicht genügend Zeit haben, alles im Detail zu durchdenken.

Richtig starten

Nehmen Sie sich jeden Stapel auf Ihrem Schreibtisch vor, und notieren Sie in Ihrem Buch, was zu tun ist. Sortieren Sie die Unterlagen, Gesprächsnotizen und Briefe anschließend in Hängemappen ein. Wenn Sie Ihre „Superliste" beendet haben, liegt kein Papier mehr auf Ihrem Schreibtisch. Ihr „Super-Buch" sieht dann etwa so aus wie in unserem Beispiel:

Golftermin ausmachen

SR   -> PR übernehmen

* Typologie an Weishoff

VK - CD-Ständer

kl. Beutel

AG 1) AVIS Auto bestellen für Do früh

Flughafen

DL072 aus New York

2) Hotel für Walter abbestellen

3) Frisörtermin bestätigen

15.3.12   Endplanung Firmenparty

-> Getränke / Zelt / Essen

-> Unterkunft

Batterien für TV

Angebot an Firma Dratmann

AG   Schlüsselübergabe an SR

Notieren Sie alles konsequent

Führen Sie Ihr „Super-Buch" fortlaufend weiter. Wann immer Ihnen etwas einfällt, notieren Sie es:

- Ein Mitarbeiter kommt herein und bittet Sie darum, im Lauf der nächsten Woche zu einem Problem Stellung zu nehmen. Notieren Sie es.
- Das Telefon klingelt. Sie versprechen einen Rückruf. Notieren Sie es.
- Sie benötigen eine Auskunft. Ihr Ansprechpartner ist jedoch erst in drei Tagen wieder erreichbar. Notieren Sie es.

- Sie planen ein Firmenfest. Plötzlich fällt Ihnen ein wichtiger Geschäftspartner ein, den Sie auf jeden Fall einladen wollen. Notieren Sie es.

Nutzen Sie Ihr „Super-Buch" konsequent als persönliche Informationszentrale. Sie werden nie wieder etwas vergessen und immer einen Überblick über alle anstehenden Aufgaben und Aktivitäten haben.

Einfaches Vorgehen

Wann immer eine Aufgabe erledigt ist, streichen Sie den Punkt durch. Kreuzen Sie die ganze Seite durch, wenn alle Aufgaben darauf erledigt sind. Das sind Ihre Erfolgserlebnisse. Vielleicht möchten Sie auch notieren, wann Sie die Aufgabe erledigt haben, dann schreiben Sie das Datum dazu.

Den nächsten Tag planen

Am Ende jedes Tages überlegen Sie, welche Aufgaben Sie heute noch nicht erledigt haben und welche Sie morgen erledigen wollen. Für diese Planung brauchen Sie nie mehr als zehn Minuten. Sehen Sie sich Ihr „Super-Buch" an und entscheiden Sie, was Sie morgen tun wollen oder was Sie delegieren können.

Falls der nächste Tag beispielsweise durch mehrere Besprechungen zerstückelt wird, suchen Sie sich aus Ihrem „Super-Buch" kleinere Aufgaben heraus, die Sie gut dazwischenschieben können. Schreiben Sie nicht mehr auf, als Sie erledigen können. Die Planung für den kommenden Tag wird im „Super-Buch" dann z. B. so notiert:

16.3.12	Zahnarzttermin vereinbaren
*	Statistik abgeben
	Seite 25 (Telefonat Meyer)
	Seite 26 (Anfrage Zoff & Co.)
	Seite 26 (Termin Müller)
*	Besprechung mit AW vorbereiten

3 Tipps für Ihre Tagesplanung mit dem „Super-Buch"

Tipp 1: Besondere Kennzeichnung
Vergessen Sie nicht, Ihre wichtigsten Aufgaben besonders zu kennzeichnen. Falls der morgige Tag Ihnen weniger Zeit lässt, als Sie gedacht hatten, wissen Sie sofort, welche Projekte Priorität haben. So werden Sie auch unter Zeitdruck keine Termine übersehen.

Tipp 2: Realistisch planen
Übernehmen Sie sich nicht. Verplanen Sie nicht mehr als drei Viertel Ihrer Arbeitszeit, damit Sie flexibel bleiben und Spielraum haben für Unterbrechungen, Störer und andere unerwartete Dinge.

Tipp 3: Dokumentation nutzen
Wenn Ihr „Super-Buch" voll ist, behalten Sie es noch einige Monate: Es ist Ihr „Notfalltagebuch". Sie können dort beispielsweise Telefonnummern (durch Post-its markiert) wiederfinden, bestätigen, wann Sie wen angerufen haben oder wann Sie einen Mitarbeiter informiert haben.

Das „Super-Buch" ist eine einfache und effektive Methode, wie Sie nach dem Schriftlichkeits-Prinzip Ihre Aufgaben, Termine und Ideen praktisch in einem DIN-A4-Buch (oder DIN A5) sammeln und so den Überblick über Ihre To do's und sonstige Informationen behalten.

5.2 Systematisch planen mit der Zwei-Listen-Technik

Mit dieser einfachen und effizienten Methode können Sie Ihren Schreibtisch ebenfalls problemlos leer räumen und leer halten. Grundlage für die Zwei-Listen-Technik sind:

- eine Generalliste
- eine aktuelle Aufgabenlisten – eine pro Tag –, die Sie in Ihrem Tagesplaner führen.

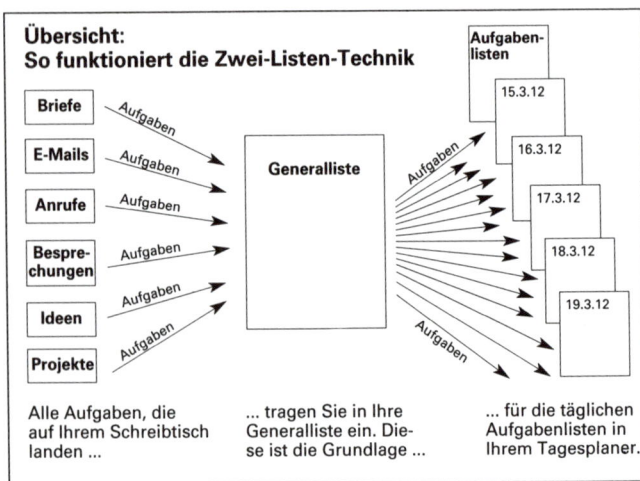

Übersicht: So funktioniert die Zwei-Listen-Technik

Alle Aufgaben, die auf Ihrem Schreibtisch landen ...

... tragen Sie in Ihre Generalliste ein. Diese ist die Grundlage ...

... für die täglichen Aufgabenlisten in Ihrem Tagesplaner.

Die Generalliste

Der Grundgedanke der Generalliste ist wie beim „Super-Buch" der, dass Sie an einem einzigen Ort systematisch alle anstehenden Arbeiten und Aufgaben notieren. Große Projekte ebenso wie das Telefonat mit einem Kunden. Für Ihre Generalliste brauchen Sie lediglich ein paar DIN-A4-Blätter (die Sie bei Bedarf auch ins „Super-Buch" integrieren können). Notieren Sie als Kopfzeile die Begriffe „Datum", „Aufgabe" und „Informationen" – fertig ist die Vorbereitung.

Aufgaben notieren

Wenn Sie Aufgaben nicht bereits mit dem Direkt-Prinzip erledigt haben, notieren Sie die zu erledigenden Arbeiten wie beim „Super-Buch" fortlaufend untereinander in der Reihenfolge, in der sie bei Ihnen eingehen. Wenn eine Aufgabe erledigt ist, streichen Sie sie durch. Komplett abgearbeitete Seiten streichen Sie diagonal durch und legen sie in einem Ordner oder Hängeregister ab – dann können Sie gegebenenfalls alte Informationen noch einmal nachschlagen.

In die linke Spalte kommt das Tagesdatum.

In der mittleren Spalte notieren Sie, was zu tun ist.

In die rechte Spalte gehören Informationen, die Sie zur Erledigung der jeweiligen Aufgabe benötigen: ein Ablagevermerk, eine Telefonnummer, bis wann etwas erledigt sein muss, an wen eine Aufgabe delegiert wurde.

Generalliste

Seite **12**

Datum	Aufgabe	Informationen
25.2.	M. anrufen	Meeting 2.3. bestätigen
--	Brief an K.L.	Prospekt beilegen
--	Geburtstag H.B.	P.
26.2.	Reise Hamburg 9./10.3. Checkliste Unterlagen Abendessen J.H. 9.3.?	Treffen K.K.: 10.3., 9.30 Uhr bis 26.2. an P. nahe Hotel ab 20.00 Uhr P.: Flugtickets/ Hotel (TL: 5.3.)

Aktualisierung

Gehen Sie Ihre Generalliste an einem festen Termin einmal in der Woche durch: Aktualisieren Sie sie, und legen Sie durchgestrichene Seiten im entsprechenden Ordner oder Hängeregister ab. Übrig gebliebene Aufgaben, die Sie weder sofort erledigen noch streichen noch delegieren können, übertragen Sie auf eine neue Seite. Notieren Sie sie unter dem alten „Eingangsdatum". So haben Sie auch eine Kontrolle darüber, welche Aufgaben bereits wie lange geschoben wurden.

Separates Terminmanagement

Die Generalliste stößt an ihre Grenzen, wenn es um die Verwaltung von Terminen geht. Was tun mit einer Aufgabe, die Sie erst in fünf Wochen erledigen müssen? Wo notieren Sie sich, dass Sie Herrn Schneider erst wieder nach seinem Urlaub erreichen können – in zehn Tagen? Und wo halten Sie fest, dass eine an den Mitarbeiter Müller delegierte Aufgabe fünf Tage später zur Kontrolle auf Ihrem Schreibtisch liegen sollte? Hierzu benötigen Sie tagesaktuelle Aufgabenlisten, die Sie in ein Kalendarium eintragen. Sie brauchen also einen Kalender/ein Zeitplanbuch mit genügend Raum, um darin sowohl Ihre Termine als auch Aufgaben zu notieren.

Funktionen der täglichen Aufgabenlisten

Ihre tägliche Aufgabenliste hat zwei wesentliche Funktionen:

- Sie dient Ihnen als Wiedervorlage: Termine und terminierte Aufgaben tragen Sie hier gleich unter dem entsprechenden Datum ein.
- Sie hilft Ihnen dabei, Ihren Arbeitstag zu strukturieren und sinnvoll zu planen. Das kostet Sie täglich nicht mehr als fünf Minuten.

Kombinieren der Listen

Wie kombinieren Sie Ihre Aufgabenlisten mit Ihrer Generalliste, um ein perfektes Termin- und Wiedervorlagesystem zu erhalten? Die Abbildung auf der folgenden Seite gibt Ihnen ein Beispiel, wie ein solches System aussehen kann:

Das Beispiel verdeutlicht:

- In Ihrer persönlichen Generalliste halten Sie die Aufgabe und die damit verbundenen Informationen in dem Moment, in dem sie bei Ihnen auf den Tisch kommen, fest, etwa die Reise nach Hamburg mit den entsprechenden Terminen.
- Die Feinarbeit – die Abstimmung von Terminen, die eigentlichen Reisevorbereitungen – erledigen Sie in den Tagen darauf mit Hilfe der Aufgabenlisten.

In Ihrer Generalliste haben Sie am 26. 2. nach einem Telefongespräch mit dem Kunden K. K. folgenden Eintrag gemacht:

Aufgabe	Informationen
Reise Hamburg 9./10.3.	Treffen K.K.: 10.3., 9.30 Uhr
Checkliste Unterlagen	bis 5.3. an P.
Abendessen J. H. 9.3.?	nahe Hotel ab 20 Uhr P.: Flugtickets/Hotel (TL: 5.3.)

Folgende Daten übertragen Sie dann sofort in Ihre Aufgabenlisten:

Aufgabenliste vom 1. 3.:
„Anruf J.H.: Abendessen 9. 3., 20 Uhr, nahe Hotel"

Aufgabenliste vom 5. 3.:
„Checkliste Unterlagen an P."
(Am 5.3. wollen Sie eine Checkliste mit den für die Reise benötigten Unterlagen erstellen und an Ihre Sekretärin (P.) übergeben.)

„P.: Flugtickets/Hotel"
(Am 5.3. wollen Sie prüfen, ob die Hotelreservierung und das Zugticket vorliegen und korrekt sind.)

Aufgabenliste vom 9.3.:
„Hamburg" und „Abendessen J. H., 20 Uhr?"

Aufgabenliste vom 10. 3.:
„Hamburg" und „K. K., 9.30 Uhr"

Mit Aufgabenlisten den Arbeitstag planen

Nehmen Sie sich am Ende jedes Arbeitstags Ihre Generalliste vor, und übertragen Sie die Tätigkeiten, die Sie am folgenden Tag erledigen wollen, in die entsprechende Aufgabenliste. Was einmal in der Aufgabenliste steht, können Sie in der Generalliste streichen. Setzen Sie dabei Prioritäten. Kennzeichnen Sie besonders wichtige Aufgaben mit Farben oder Symbolen, oder stellen Sie sie an erste Stelle, und arbeiten Sie dann die Aufgabenliste chronologisch ab. Erledigte Aufgaben streichen Sie durch. Unerledigtes übertragen Sie abends auf den nächsten Tag beziehungsweise auf den nächsten freien Termin. Auf der folgenden Seite sehen Sie ein Beispiel für einen kompletten Tagesplan.

Tagesplan: Freitag, 16.3.2012

Termine:
11.00 Meeting Planung III/99
12.00 K. wegen Reise-Bericht sprechen
16.00 G.H. anrufen. Details siehe GL 17. 3.
20.00 ThoCo Abendessen

Aufgaben:
Entwurf Mailing – siehe GL 26. 2.
Reise-Bericht schreiben
Unterlagen Reise-Abrechnung zusammenstellen

Telefonate:
Computerabteilung, M.: Termin für Info-Gespräch
H.R.: Idee Neuorganisation Mailing
   – siehe GL 13. 3.
R.T.: Grafiken erstellen/eps an mich und L.

Briefe/Faxe:
Blumenland: Strauß bestellen
Ks: Dinner bestätigen

5 Praxis-Tipps für die Nutzung Ihrer Aufgabenlisten

1. Halten Sie Ihren Verwaltungsaufwand so gering wie möglich, indem Sie auch hier das Direkt-Prinzip beachten (siehe Kapitel 1).

2. Packen Sie nicht zu viele Aufgaben in Ihre Aufgabenliste des folgenden Tages. Faustregel: Verplanen Sie maximal 50 Prozent Ihrer Arbeitszeit.

3. Trennen Sie in Ihren Aufgabenlisten Ihre Termine optisch von Ihren Aufgaben. Notieren Sie z. B. die Termine immer oben auf der Seite, die Aufgaben unten. Sortieren Sie die Aufgaben nach Telefonaten, E-Mails, Briefen etc.

4. Benutzen Sie einen Bleistift, wenn Sie Termine in Ihre Tageslisten eintragen. Die Hälfte aller Termine verändert sich noch einmal!

5. Wenn Sie in Ihrem Kalendarium für Ihre Aufgabenlisten nur wenig Platz zur Verfügung haben, notieren Sie dort jeweils nur ein Stichwort und das entsprechende Datum der Generalliste. Beim Bearbeiten der jeweiligen Aufgabe greifen Sie für Details einfach auf die Generalliste zurück.

Auch mit der Zwei-Listen-Technik bekommen Sie ohne großen Aufwand Ihren Schreibtisch leer. Sie benötigen lediglich ein paar DIN-A4-Blätter und haben damit Ihr gesamtes Aufgabenmanagement nach dem Schriftlichkeits-Prinzip im Griff.

5.3 Notizen mit dem Zettelkasten-Prinzip organisieren

Eine weitere Möglichkeit, das Schriftlichkeits-Prinzip zu pflegen und dabei den Überblick zu behalten, ist das Zettelkasten-Prinzip. Der Schriftsteller Arno Schmidt (1914–1979) zum Beispiel hatte einst sein gesamtes Wissen und seine umfangreiche Arbeit in Zettelkästen organisiert. Ein Mittel, das heute vielleicht veraltet erscheint. Aber: Nicht alles, was einst gut funktionierte, gehört zwangsläufig zum alten Eisen. Auf die Methode kommt es an. Wir haben drei Vorschläge für Sie zusammengetragen, wie das Zettelkasten-Prinzip Sie effektiv bei Ihrer Selbstorganisation unterstützen kann.

Vorschlag 1: Übersichtliche Projektplanung

Angenommen, Sie planen eine Veranstaltung. Nehmen Sie einige Karteikarten zur Hand, und schreiben Sie auf jede einen der Aufgabenbereiche:

- Karte 1: Einladungen
- Karte 2: Verpflegung
- Karte 3: Programmablauf
- Karte 4: ...

In Ihrem Karteikasten haben Sie die Karten jederzeit schnell zur Hand, so dass Sie die einzelnen Bereiche allmählich mit Ideen und Informationen füllen können. Erledigtes streichen Sie zu gegebener Zeit einfach aus. Auch das Verteilen von Aufgaben an Mitarbeiter geht so blitzschnell: Sie geben zum Beispiel einfach die Karte mit Ihren Einladungsideen weiter.

Vorschlag 2: Kontaktpflege mit schnellem Zugriff

Auch bei der Kontaktpflege leisten Karteikarten gute Dienste – besonders wenn Sie sich mit speziellen PC-Programmen nicht anfreunden können oder wollen. Kundendaten und Gesprächsnotizen finden Sie auf diesen Karten garantiert schnell wieder. Der besondere Vorteil ist der schnelle und bequeme Zugriff, der den Vorteil hat, dass Kontaktdetails wirklich auf den Karteikarten landen.

Sie erfahren am Telefon nebenbei, dass Ihr Gesprächspartner gestern Geburtstag gefeiert hat? Wie die neugeborene Tochter heißt? Dass ein gemeinsamer Kollege sich für lateinamerikanische Literatur interessiert? Ein Griff zum Karteikasten vor Ihnen, und die Information ist festgehalten.

Vorschlag 3: Erledigung von Routineaufgaben

C-Aufgaben, also Routinetätigkeiten, die nicht an einen Termin gebunden sind, können Sie hier ebenfalls sammeln, am besten vorn im Kasten. Auch größere Aufgaben, die Sie aus Zeitgründen nur in Teilschritten erledigen, können Sie hier problemlos unterbringen.

- Nummerieren Sie die Karten aufsteigend – zum Beispiel von 1 bis 10.
- Nehmen Sie an jedem Tag eine Karte heraus (oder

legen Sie eine für den nächstmöglichen Bearbeitungstag auf Wiedervorlage).

- Die Nummer auf der Karte sagt Ihnen, wie viel Sie schon geschafft haben.
- Ein gutes Gefühl nach getaner Arbeit: Werfen Sie die Karte einfach weg.

Die 4 Vorteile des Zettelkastens

1. Keine unübersichtlichen Zettel, keine unsortierten Blätter, kein Abheften.
2. Zusammengehöriges ist schnell eingeordnet und wiedergefunden.
3. Karteikarten sind in unterschiedlichen Farben erhältlich, die Sie zusätzlich als Ordnungskriterium nutzen können, beispielsweise zur Prioritätensetzung oder zur thematischen Gruppierung.
4. Das A–Z-Register hält Sie ganz automatisch zur Ordnung an.

Gehen Sie grundsätzlich nach dem Schriftlichkeits-Prinzip vor: Schreiben Sie sich Dinge auf, statt sie sich zu merken. Vermeiden Sie jedoch Notizzettel-Chaos und Arbeitsmappen-Berge auf dem Schreibtisch, die Sie glauben, in Griffweite haben zu müssen. So verlieren Sie den Überblick. Betreiben Sie Ihr Aufgabenmanagement vielmehr an einem einzigen Ort („Super-Buch", Zwei-Listen-Technik oder Zettelkasten), an dem sämtliche Arbeiten, Termine, Ideen etc. zusammenkommen

und von dem Ihre Arbeitsplanung ausgeht. Kon-
sequent betrieben, geht Ihnen so nichts verloren,
Sie vergessen nichts und haben den perfekten
Überblick – auch über Ihren Schreibtisch.

Fast Reader

1. Das Direkt-Prinzip

*Dinge vor sich herzuschieben, kostet Sie nach-
weislich mehr Zeit als die direkte Erledigung einer
Aufgabe. Das sofortige Anpacken überschaubarer
Arbeiten entlastet Sie unmittelbar zeitlich und hält
Ihren Kopf wie auch Ihren Schreibtisch frei für
wichtigere Dinge.*
*Jede Aufgabe verlangt nach einer Entscheidung.
Treffen Sie diese Entscheidungen möglichst direkt. Gewöhnen Sie sich dies für jedes Blatt Papier
an, das durch Ihre Hände geht. So können Sie jeden Vorgang direkt erledigt ablegen bzw. einplanen oder delegieren. Sie verhindern das Suchen
und wiederholte Prüfen von Vorgängen.*

**Vermeiden Sie es grundsätzlich, Arbeiten aufzu-
schieben. Nehmen Sie jede Arbeit, wo möglich,
direkt in Angriff, entweder, indem Sie sie sofort
erledigen und ablegen, oder, indem Sie sie zeit-**

lich konkret einplanen bzw. an Mitarbeiter dele-gieren. Scheuen Sie sich nicht davor, für jede Aufgabe, die sich Ihnen stellt, direkt eine Ent-scheidung zu treffen. Im besten Fall sollte ein Vorgang nur ein einziges Mal durch Ihre Hände gehen.

2. Das GSP-Prinzip

Perfektionismus bremst, macht unzufrieden und kostet Sie Zeit. Gewöhnen Sie es sich an, Aufga-ben nach dem GSP (Gut statt perfekt)-Prinzip zu erledigen, und halten Sie sich nicht mit Feinheiten auf, die in keinem vernünftigen Verhältnis zum Ergebnis stehen.
Schärfen Sie Ihr Bewusstsein gegenüber Perfek-tionismus-Fallen, und wehren Sie sich aktiv gegen deren negative Auswirkungen auf Ihre Arbeitsef-fektivität.
Konkrete Bearbeitungsregeln bewahren Sie vor perfektionistischer Kosmetik. Gehen Sie Ihre Auf-gaben bereiche durch, und überlegen Sie sich, wo Sie das GSP-Prinzip anwenden können.

Perfektionismus ist keine Stärke, sondern eine Schwäche. Erkennen Sie den Unterschied zwi-schen gut und perfekt erledigter Arbeit, und schärfen Sie Ihr Bewusstsein gegenüber Perfekti-

onismus-Fallen. Definieren Sie für Ihren Arbeits-
bereich konkrete Bearbeitungsregeln, die dem
GSP-Prinzip folgen und einen realistischen Quali-
tätsstandard für Ihre Arbeit setzen.

3. Das Prioritäten-Prinzip

Dringlichkeit und Wichtigkeit unterscheiden sich
fundamental. Dringende Aufgaben entstehen
durch extrernen Druck, auf den Sie reagieren, und
tragen wenig zu Ihrer Zielerreichung bei. Wichtige
Aufgaben hingegen erfordern ein selbstgesteuer-
tes Agieren, das Sie Ihrem persönliche Erfolg nä-
her bringt.
Lassen Sie sich nicht von kurzfristigen Ereignissen
im Arbeitsalltag überrollen, sondern setzen Sie
bewusst Prioritäten zugunsten langfristiger Ziele,
und halten Sie sich daran. Sie verbessern so Ihre
Selbstorganisation, die Beziehung zu Ihren Kolle-
gen und Mitarbeitern wie auch Ihr eigenes Wohl-
befinden.
Verankern Sie Ihre Prioritäten in Ihrer Wochenpla-
nung, die alle Ihre Lebensbereiche beinhaltet und
auf Wichtigkeit statt auf Dringlichkeit ausgerichtet
ist, ohne jedoch das Tagesgeschäft zu ignorieren.

Unterscheiden Sie dringende und wichtige Auf-
gaben, indem Sie nach dem Prioritäten-Prinzip

30

bewusst Prioritäten setzen und diese konsequent verfolgen. Betrachten Sie Ihre Prioritäten weitgehend unabhängig vom Tagesgeschäft und im Zusammenhang mit Ihrer ganzheitlicheren Wochenplanung. Lassen Sie sich bei Ihrer Prioritätensetzung von dem Wissen leiten, dass 20% des Inputs bereits 80% des Outputs erzielen (Pareto-Prinzip) und dass die wichtigsten Aufgaben (A-Aufgaben) bei einer Menge von 15% zu 65% zu Ihrer Zielerreichung beitragen (ABC-Analyse).

4. Das VDN-Prinzip

Organisieren Sie Besprechungen nach dem in der Praxis bewährten VDN-Prinzip (vorbereiten, durchführen, nachbereiten). Konzentrieren Sie sich beim Vorbereiten insbesondere auf den Ablaufplan und die Zusammensetzung der Teilnehmer. Nutzen Sie Formulare für Ihre Einladung und das zu erstellende Protokoll, und planen Sie Hilfsmittel und Verpflegung mit ein.
Regieanweisungen, die auch die Spielregeln beinhalten, sind für die Durchführung einer Besprechung sehr nützlich. Halten Sie sich an die festgelegten Tagesordnungspunkte und beenden Sie jeden mit einem Beschluss, was von wem und bis wann zu tun ist (Ausnahmen: TOPs, die keine Beschlüsse erfordern).

*Das VDN-Prinzip kann für jede Art von Arbeit an-
gewendet werden. Am nachhaltigsten wird es bei
Besprechungen eingesetzt. Es garantiert Ihnen
einen erfolgreichen Verlauf, wenn Sie sich konsequent an die Maßnahmen der Vorbereitung,
Durchführung und Nachbereitung halten. Sorgen
Sie für klare Vorabinformationen, für einen reibungslosen Ablauf wie auch dafür, dass sich alle
Teilnehmer engagieren und für das Ergebnis verantwortlich fühlen. Kontrollieren Sie die Umsetzung der Beschlüsse. Ein sofort ausgehändigtes
Protokoll dient als einheitliches richtunggebendes Dokument.*

30

5.　Das Schriftlichkeits-Prinzip

*Das „Super-Buch" ist eine einfache und effektive
Methode, wie Sie nach dem Schriftlichkeits-Prinzip
Ihre Aufgaben, Termine und Ideen praktisch in einem DIN-A4-Buch (oder DIN A5) sammeln und so
den Überblick über Ihre To do's und sonstige Informationen behalten.*
*Auch mit der Zwei-Listen-Technik bekommen Sie
ohne großen Aufwand Ihren Schreibtisch leer. Sie
benötigen lediglich ein paar DIN-A4-Blätter und
haben damit Ihr gesamtes Aufgabenmanagement
nach dem Schriftlichkeits-Prinzip im Griff.*

30 *Gehen Sie grundsätzlich nach dem Schriftlichkeits-Prinzip vor: Schreiben Sie sich Dinge auf, statt sie sich zu merken. Vermeiden Sie jedoch Notizzettel-Chaos und Arbeitsmappen-Berge auf dem Schreibtisch, die Sie glauben, in Griffweite haben zu müssen. So verlieren Sie den Überblick. Betreiben Sie Ihr Aufgabenmanagement vielmehr an einem einzigen Ort ("Super-Buch", Zwei-Listen-Technik oder Zettelkasten), an dem sämtliche Arbeiten, Termine, Ideen etc. zusammenkommen und von dem Ihre Arbeitsplanung ausgeht. Konsequent betrieben, geht Ihnen so nichts verloren, Sie vergessen nichts und haben den perfekten Überblick – auch über Ihren Schreibtisch.*

Weiterführende Literatur

Bücher

- Friedrich, Kerstin; Malik, Fredmund und Seiwert, Lothar: **Das große 1x1 der Erfolgsstrategie**. EKS® – Die Strategie für die neue Wirtschaft. 21. Aufl. Offenbach: GABAL 2015.
- Küstenmacher, Werner Tiki; mit Seiwert, Lothar: **Simplify Your Life.** Einfacher und glücklicher leben. 16. Aufl. Frankfurt / New York: Campus 2008.
- Roth, Susanne: **Einfach aufgeräumt!** In 24 Stunden mit der Simplify-Methode das Chaos besiegen. Frankfurt / New York: Campus 2007.
- Seiwert, Lothar: **Ausgetickt.** Lieber selbstbestimmt als fremdgesteuert. Abschied vom Zeitmanagement. 2. Aufl. München: Ariston 2011.
- Seiwert, Lothar: **Das 1 x 1 des Zeitmanagement.** Zeiteinteilung, Selbstbestimmung, Lebensbalance. 37. Aufl. München: Gräfe und Unzer 2015. (Arbeitsbuch)
- Seiwert, Lothar: **Das neue Zeit-Alter.** Warum es gut ist, dass wir immer älter werden. München: Ariston 2014.
- Seiwert, Lothar: **Die Bären-Strategie: In der Ruhe liegt die Kraft.** 7. Aufl. München: Ariston 2011.
- Seiwert, Lothar: **Die Tiger-Strategie.** Wer für seine Erfolge nicht selbst sorgt, hat sie nicht verdient. München: Ariston 2016.

- Seiwert, Lothar: **Lass los und du bist Meister deiner Zeit.** Mit Konfuzius entschleunigen und Lebensqualität gewinnen. 3. Aufl. München: Gräfe und Unzer 2014.

- Seiwert, Lothar: **Noch mehr Zeit für das Wesentliche.** Zeitmanagement neu entdecken. 6. Aufl. München: Goldmann 2015.

- Seiwert, Lothar: **Simplify Your Time.** Einfach Zeit haben. Frankfurt / New York: Campus 2010.

- Seiwert, Lothar: **Wenn du es eilig hast, gehe langsam.** Mehr Zeit in einer beschleunigten Welt. 16. Aufl. Frankfurt / New York: Campus 2012.

- Seiwert, Lothar: **Zeit ist Leben, Leben ist Zeit.** Die Probleme mit der Zeit lösen // Die Chancen der Zeit nutzen. 2. Aufl. München: Ariston 2013.

- Seiwert, Lothar und Gay, Friedbert: **Das neue 1 x 1 der Persönlichkeit.** Sich selbst und andere besser verstehen mit dem persolog-Modell. 28. Aufl. München: Gräfe und Unzer 2015.
  (Mit kleinem Persönlichkeitstest und praktischen Tipps zu Zeit- und Selbstmanagement, Partnerschaft, Kindererziehung.)

- Seiwert, Lothar: **Zeit zu leben.** So bekommen Sie Ihr Leben in Balance. 2. Aufl. Offenbach: GABAL 2016.

- Seiwert, Lothar, Wöltje, Holger und Obermayr, Christian: **Zeitmanagement mit Outlook.** Die Zeit im Griff mit Microsoft Outlook 2003-2013. 10. Aufl. Köln: O'Reilly 2015.
  (mit zusätzlichen Videolektionen im Web)

Informations- und Beratungsdienste

- *Einfach organisiert.* Das Beratungs-Programm zu allen relevanten Fragen der Büro-Organisation, des Zeitmanagements und des Selbstmanagements. *Praxishandbuch.* Bonn: Verlag für die Deutsche Wirtschaft, 2015 ff. (www.einfach-organisiert.de)
- *simplify organisiert – Einfach erfolgreich durch optimales Zeit- und Selbstmanagement. Monatlicher persönlicher Organisationsbrief.* Bonn: Verlag für die Deutsche Wirtschaft, 2015 ff. (www.simplifyorganisiert.com)
- *simplify your life – Einfacher und glücklicher leben. Monatlicher persönlicher Beratungsdienst.* Bonn: Verlag für die Deutsche Wirtschaft, 2015 ff. (www.simplify.de)

»Seiwert-Tipp«

1 Minute für 1 Woche in Balance.
Kurzer, knapper *e-Newsletter* mit praktisch umsetzbarem Sofortnutzen (*kostenlos*, erscheint wöchentlich). Zu abonnieren unter: www.Lothar-Seiwert.de

 Follow me on twitter:
www.twitter.com/Seiwert

 Become a fan on Facebook:
Lothar Seiwert

Register

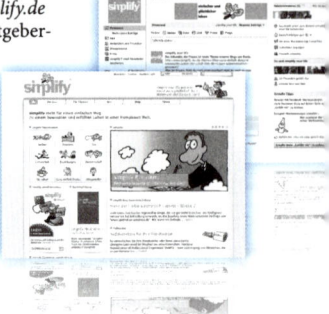